# GEORGES LEMAÎTRE

Büyük patlama teorisi ve evrenimizin kökeni

# GEORGES LEMAÎTRE

Büyük patlama teorisi ve evrenimizin kökeni

tarafından yazılmıştır Pauline Landa
tarafından çevrildi Baris Şahin

50MINUTES.com

# GEORGES LEMAÎTRE

## ANAHTAR BİLGİLER

- **Doğum:** 17 Temmuz 1894, Charleroi, Belçika.

- **Ölümü:** 20 Haziran 1966, Leuven, Belçika.

- **Başlıca başarıları: Evrenin** genişlemesi (1927) ve ilkel atom (1931) gibi evren ve kökenleri üzerine yapılan araştırmalarda ilerleme sağlayan çeşitli teoriler.

- **Araştırmasının etkisi:** Büyük Patlama teorisi artık yaygın olarak kabul görmektedir ve yeni bir araştırma alanının oluşmasına yol açmıştır: modern kozmoloji.

## GİRİŞ

İnsanoğlu her zaman dünyayı ve dolayısıyla onu çevreleyen evreni anlamaya çalışmıştır. Yüzyıllar boyunca, her dönemin geleneklerine bağlı olarak çeşitli teoriler ortaya çıkmış ve her zaman dini ve siyasi otoritelerle uyumlu olmayan evren anlayışlarına yol açmıştır. Güneş merkezcilik üzerine yazdıkları nedeniyle Kilise tarafından mahkûm edilen Galileo (İtalyan astronom ve fizikçi, 1564-1642) zamanında hiç kimse, halen yaygın olarak kabul gören Büyük Patlama teorisinden Belçikalı bir rahip olan Georges Lemaître'in sorumlu olacağını düşünemezdi.

1931'de ortaya attığı 'ilkel atom hipotezi' evrenin kökenini 13,7 milyar yıl öncesine dayandırmaktadır. Lemaître, evrenin daha sonra tek bir atom halinde sıkıştırıldığını – teorinin şimdi çürütülmüş olan bir kısmı – kozmik bir şokun çok sayıda elektron, foton vb. parçalanmasını sağladığını teorize etti. Böylece bugün bildiğimiz evren ortaya çıkmıştır. Lemaître bu konuda bir öncüydü, özellikle de kendi dönemindeki diğer bilim insanlarının evrenin her zaman var olduğuna ve bu nedenle başlangıcını bulmaya çalışmanın anlamsız olduğuna ikna oldukları göz önüne alındığında. Ancak araştırmasının yayınlanmasının ardından, hepsi konumlarını yeniden gözden geçirmek ve 20. ve 21. yüzyıllarda kozmoloji ve fiziği derinden etkileyecek olan bu yeni teoriyi kabul etmek zorunda kaldı.

# BAĞLAM

## EVREN İÇİN EŞSİZ BİR MODEL Mİ?

Georges Lemaître hakkında konuşurken [20.] yüzyılın en büyük bilim insanlarından biri olan Albert Einstein'dan (1879-1955) bahsetmeden olmaz. Lemaître, özellikle onun genel görelilik teorisi (1915) sayesinde ilkel atom hipotezini geliştirmeye devam edecekti. 'Her şey görecelidir' döneminden önce, bilim insanları Antik Çağ'dan beri kendilerini, etraflarındaki dünyayı açıklayabilecek bir evren modeli önererek anlamaya adamışlardı.

Aristoteles (Yunan filozof, MÖ 384-322) ve Batlamyus (Yunan astronom, MS 100-170 civarı) ile birlikte hakim model, Dünya'nın evrenin merkezinde yer aldığı yer merkezli modeldi ve bu 16. yüzyıla kadar sürecekti. Bu dönemde model, Giordano Bruno (İtalyan filozof, 1548-1600) ve Galileo gibi akademisyenler tarafından güneş-merkezcilik lehine sorgulanmaya başlandı ve bu durum dini otoritelerle karşı karşıya gelmelerine neden oldu. İlki kazığa bağlanıp yakıldı, ikincisi ise Kilise tarafından kınandı. Bununla birlikte, fikirleri bilim camiasında dolaştı ve düzenli olarak tartışmalara zemin hazırladı.

Nihayetinde, neredeyse üç asır sonra, araştırmacıları bu benzersiz model arayışından kurtaran Albert Einstein oldu, çünkü ona göre bir modeli diğerine tercih etmeye gerek yoktu. Aslında, her model tutarlı bir referans çerçevesine dayanıyordu ve bu nedenle sadece birini seçmek gereksizdi, çünkü bir diğerinden daha fazla veya daha az geçerli olmayacaktı. Ona göre, tek bir modelin tüm evreni kapsaması mümkün değildi.

Görelilik üzerine yapılan bu çalışmalara büyük ilgi duyan Lemaître, 1927'de "Sabit kütleli ve büyüyen yarıçaplı homojen bir evren, ekstragalaktik nebulaların radyal hızını hesaba katıyor" başlıklı makalesinde Einstein'ın hesaplamalarını geliştirdi ve zamanda geriye doğru gittikçe genişleyen ve madde yoğunluğu eksi sonsuza doğru eğilim gösteren bir evren tanımladı. Ancak, genişleyen evren teorisi dönemin bilim insanları tarafından pek hoş karşılanmadı ve Einstein bile bu teoriyi dehşet verici olarak nitelendirdi. Amerikalı astronom Edwin Hubble (1889-1953) ve onun kendi adını taşıyan Hubble Yasası ile bu genişleme fikri 1929 yılına kadar tüm bilim camiası tarafından kabul görmedi.

## EVREN YEDİ GÜNDE YARATILMADI

Bugün evrenin kökenini tarihlendirmenin önemini takdir ediyor olsak da, aynı şey Lemaître'in zamanında geçerli değildi. Aslında, 20. yüzyılın başlarında, kozmolojide bütünlük, zaman, başlangıç gibi normalde din tarafından dikte edilen metafizik kavramlardan bahsetmek hala yasaktı. Einstein da dahil olmak üzere dönemin büyük kozmologları, evrenin ortaya çıktığı kesin bir an olduğuna inanmayı reddediyorlardı. Bu nedenle Lemaître, Arthur Eddington'un (İngiliz astronom ve fizikçi, 1882-1944) dünyanın sonu hakkındaki bir makalesini okuduktan sonra evrenin kökeni fikrinden bahseden ilk kişi oldu.

Evrenin her yerinde kuantumlar (minimum enerji miktarları) halinde dağılmış sabit bir enerji olduğu ve kuantum sayısının her zaman arttığı varsayımından yola çıkarak, evrenin tarihini göz önüne alırsak, tüm evrenin yoğunlaştığı tek bir kuantuma ulaştığımız noktaya kadar giderek daha az sayıda kuantumun izini sürebilmemiz gerekir. İlkel atom hipotezine 1931 yılında bu şekilde ulaşılmıştır; bu teori halen kabul görmekte ve günümüzde Büyük Patlama teorisi olarak bilinmektedir.

 ## BILIYOR MUYDUNUZ?

'Büyük Patlama' terimini Georges Lemaître icat etmemiştir. Aslında bu ifadeyi ortaya atan, onu eleştirenlerden biri olan İngiliz astronom Fred Hoyle (1915-2001) olmuştur. Hoyle, 1950 yılında BBC radyosuna verdiği bir röportaj sırasında, Lemaître'in ilkel atom hipotezini tanımlamak için ironik bir şekilde 'Big Bang' sözcüklerini kullanmış ve halk tarafından daha kolay anlaşılabilen bu terim teoriyle özdeşleşmeye devam etmiştir.

# LEMAÎTRE'İN HAYATI

## BİLİME KARŞI YOĞUN BİR İLGİ

Georges Lemaître, 17 Temmuz 1894'te Belçika'nın Charleroi kentinde orta sınıf Katolik bir ailenin çocuğu olarak dünyaya geldi ve bir akademisyen, cam ve mermer fabrikası müdürü olan Joseph Lemaître ile bir bira üreticisinin kızı olan Marguerite Lannoy'un en büyük çocuğuydu. Aile ortamının hiçbir yönü onu ne din adamlığına ne de hayatını matematik ve fiziğe adamaya hazırlamadı.

Kardeşleriyle birlikte kasabadaki bir Hıristiyan okulunda eğitim gördü. 1904'te Cizvit Collège du Sacré-Coeur'de Klasik okumaya başladı ve burada inanç ile bilimi uzlaştırma olasılığını ilk kez gördü. Erken yaşlarda matematik, fizik ve kimya alanlarında başarılı oldu. Henüz dokuz yaşındayken, hayatını hem bilime hem de Tanrı'ya adamak istediğine karar vermişti bile. 1910 yılında ailesi Brüksel'e taşındı ve Lemaître eğitimine Collège Saint-Michel'de devam etti ve burada daha ileri çalışmalar için hazırlık dersleri aldı. Babasının isteği üzerine mühendislik okumak için kabul sınavını geçti ve daha sonra rahipliği bırakmaya karar verdi.

## ENTELEKTÜEL VE RUHANİ BİR YOL

17 yaşında Leuven Katolik Üniversitesi'nde mühendislik eğitimi almaya başladı, ancak Birinci Dünya Savaşı

(1914-1918) nedeniyle eğitimi yarıda kaldı. Savaşın başlamasından kısa bir süre sonra gönüllü olarak topçu birliğine katıldı. Yser Muharebesi sırasında gösterdiği çabalardan dolayı Belçika Savaş Haçı'nı aldı. Bu zorlu deneyim, dini ve bilimsel mesleklerini uzlaştırma ihtiyacını pekiştirecekti.

1919 sonbaharında üniversiteye geri döndü ve mühendislik eğitimini bırakarak yeni bir alana yöneldi: fizik ve matematik. 1920 yılında matematik alanında doktorasını ve Thomistik felsefe (yani Thomas Aquinas'ın eserlerinden esinlenen felsefe) alanında lisans derecesini aldı. Aynı yıl Malines'deki papaz okuluna geri döndü. Einstein'ın görelilik teorisinden etkilenen, ancak Belçika'da yaygın olarak çalışılmayan Lemaître, aynı zamanda bir seyahat bursu kazanmak amacıyla görelilik ve yerçekimi üzerine bir tez hazırladı. Üç yıl sonra rahip olarak atandı ve Belçika hükümetinden yurtdışında eğitim için bir burs aldı.

## BİÇİMLENDİRİCİ YOLCULUKLAR

Genç rahip, büyük hayranlık duyduğu ünlü astrofizikçi Arthur Stanley Eddington'ın yanında astronomi eğitimi almak üzere Cambridge, İngiltere'ye doğru yola çıktı. Daha sonra Atlantik'i geçti ve Harlow Shapley (Amerikalı astrofizikçi, 1885-1972) ile nebulalar (sönük, durağan yıldızlararası bulutlar) üzerinde çalışmak üzere Harvard College Gözlemevi'ne katıldı. Son olarak Massachusetts Teknoloji Enstitüsü'ne (MIT) giderek genel görelilikte akışkanlardaki yerçekimi alanları üzerine bir tez yazmaya başladı.

Çalışmaları sırasında Lemaître çok aktif entelektüel ortamların bir parçası olacak ve çağdaş fiziğin birçok kilit ismiyle tanışacak kadar şanslıydı. Lemaître, 1925 yazında Belçika'ya döndüğünde Leuven Katolik Üniversitesi Fen Fakültesi'nde öğretim görevlisi olarak çalışmaya başladı, ancak konferanslara katılmak veya akademik projeleri üzerinde çalışmak için sık sık İngiltere ve Amerika Birleşik Devletleri'ne gitmeye devam etti. 1927 yılında MIT tezini kabul etti ve kendisine fizik doktorası verdi. Leuven Üniversitesi aynı yıl onu profesör yaptı ve bu görevi 1964 yılına kadar sürdürecekti.

## BİR ADAM, İKİ GÖREV

Lemaître hayatı boyunca kendini Katolik inancına ve bilime adadı. Bu iki çağrı birbiriyle bağdaşmaz gibi görünebilir, ancak ona göre Katolik inancını sorgulamak zorunda kalmadan evrenin başlangıcı üzerine araştırma yapmak tamamen mümkündü. İlkel atom hipotezi evrenin genişlemesinin başlangıcını açıklamaya çalışırken, kozmoloji de dünyanın yaratılışını açıklamak için dine yer bırakmak zorundaydı. Ona göre bunlar birbirinden bağımsız iki gerçekti. Bununla birlikte, onun bilimsel ve dini eğitimi birlikte yürütmesi, bilim camiasının bir kısmının şüpheyle karşılamasına ve reddetmesine yol açacaktı. Yine de kimse onun araştırmalarının kalitesine ya da din ve bilimin birbirinden ayrıldığı ve farklı anlayış düzeylerini hedeflediği 'çifte hakikat anlayışı' arayışına itiraz edemezdi: Böylece fiziksel bir kavram olan köken ile felsefi bir kavram olan yaratılış arasında ayrım yaptı.

İnanılmaz derecede yetenekli bir matematikçi olan Lemaître, teorisini her zaman gözlemle destekleme ihtiyacı duymuştur. Bu nedenle, sadece geçerli hipotezler oluşturmaktan mutlu olmamış, bunların temelini deneylerle doğrulamıştır. Bu karakter özelliği onu zamanının diğer bilim insanlarından ayıran ve araştırmalarında önemli ilerlemeler kaydetmesini sağlayan bir şeydi.

Lemaître 20 Haziran 1966'da Leuven'de lösemiden öldü, birkaç gün önce kozmik arka plan radyasyonunun gözlemlenmesinin evrenin bir patlamayla başladığını kesin olarak doğruladığını öğrenmişti, ki bunu 30 yıl önce teorisinde zaten varsaymıştı.

# LEMAÎTRE'İN TEORİLERİ

## EİNSTEİN VE FRİEDMANN'IN KATKILARI

Lemaître Büyük Patlama teorisinin tartışmasız babası olsa da, diğer iki bilim insanı da modern kozmolojide devrim yaratan bu teorinin geliştirilmesinde kilit rol oynamıştır. Lemaître'in araştırması aslında çok hassas bir bilimsel bağlamda gerçekleşmiştir.

Einstein, kütle çekimi üzerine yeni bir teori olan genel görelilik teorisiyle (1915) yolu açan ilk kişi oldu. Onun teorisine göre, evrene yapısını veren şey nesneler arasındaki çekim kuvvetleridir. Einstein ayrıca statik olduğunu düşündüğü (yani evrenin toplam büyüklüğünün zaman içinde değişmediği) evrenin fiziksel ve geometrik özelliklerini yöneten denklemleri de yazdı. Bu denklemler, içinde değişen madde ve enerji miktarına bağlı olarak uzayın zaman içinde nasıl değiştiğinin belirlenmesini sağladı.

Rus fizikçi ve matematikçi Alexander Friedmann (1888-1925), uzayın zaman içindeki değişimini tanımlayan bu denklemlerin çözümlerini buldu. Evrenin bir tekillikten kaynaklanmasının mümkün olduğunu ve buna bağlı olarak evrenin bir sonu olacağını teorize etti. Friedmann ayrıca evrenin yaşını 10 milyar yıl olarak tahmin etmiştir. Ancak 1920'lerde kabul gören bilimsel tahminler bir milyarı geçmiyordu.

Cambridge'de okurken Einstein'ın teorilerine maruz kalan Lemaître, Alman fizikçinin denklemleriyle de ilgilenmeye başladı ve kurulmakta olan ve rölativistik kozmoloji olarak bilinen yeni kozmolojiye kendi katkısını ekledi.

 ## BİLİYOR MUYDUNUZ?

Lemaître evrenin genişlediği fikrini düşünen tek kişi değildi. Friedmann 1922 ve 1924 yıllarında, genişleme hipotezini ortaya koyduğu iki tez yayınladı. Ancak yazıları yeterince ilgi görmedi. Lemaître bu makalelere ancak 1927'de, evrenin genişlemesiyle ilgili kendi teorisini yayınladığı sırada ulaşabildi. Dolayısıyla her iki bilim insanının da genişleme fikrine bağımsız olarak ulaştığını söyleyebiliriz.

## EVRENİN GENİŞLEMESİ TEORİSİ (1927)

Belçikalı araştırmacı, Friedmann'dan bağımsız olarak Einstein tarafından önerilen denklemleri çözmeyi başardı ve statik olmayan kozmolojik çözümler buldu. Einstein'ın denkleminde yer alan kozmolojik sabite, evrendeki parçacıkları zaman içinde ayrılmaya zorlayan kozmik bir itme kuvveti atfetti. Ayrıca, o dönemde Amerikalılar tarafından yapılan ve evrenin gerçekten genişlediğini kanıtlayan nebulaların hızına ilişkin gözlemleri de dikkate alma cüretini göstermiştir.

Böylece 1927'de Lemaître, "Sabit kütleli ve büyüyen yarıçaplı homojen bir evren, ekstragalaktik nebulaların radyal hızını açıklar" başlıklı kilit makalesini yayınladı. Bu sönük başlık (en azından uzman olmayanlar için) onun evrenin genişlemesi ile bulutsuların hızına ilişkin gözlemler arasında bir bağlantı kurduğunu gösteriyordu. Makalede Lemaître, zamanda yeterince geriye gidildiğinde Einstein'ın durağan evrenine benzeyen genişleyen bir evren tanımlıyordu. Bu teori gözlemlere dayandığı için Einstein'ın denklemlerinin çözümü olarak sunuldu. Ancak Lemaître'in makalesi olması gerektiği kadar başarılı olamadı, çünkü Einstein'ın kendisi de teorisine ikna olmamıştı. Eddington eski öğrencisinin çalışmasının önemini 1930 yılına kadar anlayamadı. Dahası, genişleyen bir evren fikrinin yaygınlaşması da onun sayesinde oldu.

## İLKEL ATOM HİPOTEZİ (1931)

Bu genişleyen evren fikrinin bir devamı olarak Lemaître, başlangıçta evrenin çok daha yoğun olması gerektiği fikrini ortaya attı. Evren basitçe zaman içinde genişlediğinden, yeterince geriye gidersek, evren gittikçe daha az genişlemiş olmalıdır: bu, onu evrenin kökenleri üzerine düşünmeye iten şeydir. Ona göre, evrenin genişlemesi tekil bir başlangıç durumundan, ilkel atomdan başlamış olmalıdır. 1931'de yayınlanan "Evrenin Genişlemesi" adlı makalesinde bu fikri yine gözlemlere dayanarak geliştirdi.

Nebulaların varlığının, evrenin daha önce daralma süreçlerinden geçtiği anlamına geldiğine inanıyordu. Dolayısıyla, dünyanın yaratılışının ardında iki karşıt kozmik güç vardı: çeken kütle çekimi ve iten kozmolojik sabit. Evrenin evriminin üç aşamada gerçekleştiğini öne sürdü:

- İlki, ilkel atomun parçalanmasını takiben hızlı, patlayıcı bir genişlemeden oluşuyordu.

- İkincisi, madde yoğunluğunun ve kozmolojik sabitin dengelendiği bir yavaşlama dönemiydi. Bu evrede yıldızlar, galaksiler ve kümeler gibi evrenin büyük yapıları oluşmuştur.

- Bu oluşumlar dengeyi bozacak ve son aşama olan ikinci bir hızlı genişlemeye yol açacaktır.

Bu ilkel atom hipotezi Einstein ya da Eddington'ı tatmin etmedi, çünkü onlara göre evrenin kökeninden bahsetmek düşünülemezdi, çünkü evren durağandı. Lemaître bu önde gelen bilim adamlarını ikna etmek zorunda kalacaktı. Kuantum mekaniğindeki en son gelişmelerin yardımıyla Belçikalı rahip evrenin kökenini kuantum teorisiyle açıklamaya karar verdi. Termodinamiğin (zaman içinde ısı miktarında değişimlerin meydana geldiği sistemlerle ilgili bir fizik dalı) iki ilkesi üzerinde yoğunlaştı:

- enerji farklı kuantlar halinde bulunur ve toplam enerji miktarı sabit kalır;

- kuanta sayısı sürekli artmaktadır.

Zamanda geriye gidersek, yine de evrendeki tüm enerjiyi içeren daha az sayıda kuanta buluruz ve sonunda son derece yoğun bir enerji miktarına sahip tek bir kuantuma, ilkel atoma ulaşırız. Lemaître'in yenilikçi fikri, sonsuz büyüklükteki (evren) ile sonsuz küçüklükteki (atom) arasında bağlantı kurmaktı.

Lemaître'in evrenin genişlemesini ilk patlamayla açıklamayı amaçlayan fikri hala yaygın olarak kabul görürken, tüm evrenin başlangıçta parçalanan tek bir atomun içinde yer aldığına dair teorisi artık sorgulanmaktadır. Fizikçiler artık yavaş yavaş yoğunlaşan, enerji açığa çıkaran ve evrene ilk momentumunu veren bir tür temel parçacık bulutuna (kuarklar ve leptonlar) daha fazla eğiliyorlar. İlk patlamanın bir izi olan kozmik mikrodalga arka planının varlığını kabul ediyorlar, ancak bunun Lemaître'nin düşündüğü gibi ilk atomun parçalanmasıyla itilen bir parçacık izinden değil, elektromanyetik bir dalgadan geldiğine inanıyorlar.

## ÇALIŞMALARININ GERİ KALANI

Lemaître, günümüzde yaygın olarak Büyük Patlama teorisi olarak adlandırılan teoriyi oluşturan iki teorisini yayınladıktan sonra kozmolojik araştırmalarına devam etti. Tahminlerinin birçoğu daha sonra bilim insanları tarafından doğrulandı. Kara delikler ve vakum enerjisi üzerine teoriler geliştirmiş ve evrenin ek boyutlara sahip olduğuna dair bir hipotez üretmiştir.

İkinci Dünya Savaşı'ndan (1939-1945) sonra Lemaître seyahatlerini sınırlandırarak uluslararası araştırmalardan yavaş yavaş çekildi. Ayrıca kozmoloji araştırmalarını, özellikle sevdiği ve yetenekli olduğu başka bir alan için bıraktı: sayısal analiz.

Diğer çalışmalarının önemine rağmen, her şeyden önce üç ana ilke ile karakterize edilen bu göreceli kozmolojinin arkasında olmasıyla tanınmaya devam etmektedir:

- Evren genişliyor;

- evrenin bir başlangıcı vardı;

- Kuantum fiziği (sonsuz küçüklük bilimi) ve astronomi (sonsuz büyüklük bilimi) evrenin anlaşılmasında birbiriyle bağlantılıdır.

 ## BILIYOR MUYDUNUZ?

Rölativistik kozmolojiye katkısı bugün artık tartışılamaz olsa da, Lemaître uzun yıllar boyunca göz ardı edildi. Aslında pek çok bilimsel ansiklopedi rahibin adını bile anmamakta ya da çalışmalarının etkisini küçümsemektedir. Matematik alanındaki ilk çalışmaları ve dini bağlılıkları belki de onun lehine çalışmadı.

## BÜYÜK PATLAMA'NIN KRONOLOJİSİ

Lemaître'in makalelerini yazmasından bu yana, bilim insanları onun Büyük Patlama teorisi anlayışını yeniden gözden geçirmiş ve düzeltmişlerdir. Evrenin kökenine ilişkin mevcut bilgi durumu aşağıdaki gibidir.

Evren 13,7 milyar yıl önce, yaklaşık 1032 Kelvin (yaklaşık 758°C) gibi son derece sıcak bir ortamda başladı. Evren o zamanlar yalnızca fotonlardan, temel parçacıklardan ve onların karşıt parçacıklarından oluşuyordu. İlk kozmik şokun ardından – ünlü Büyük Patlama – parçacıklar ve antiparçacıklar dağıldı ve evrenin yaratılmasına yol açacak küçük bir madde fazlası bıraktı. İlk üç dakikada, kuarkların (temel parçacıklar) varlığı sayesinde protonlar ve nötronlar oluştu. Evrenin tekrar soğuması 380.000 yıl sürecekti. İşte o zaman bilim insanlarının kozmik mikrodalgalar olarak adlandırdıkları ışık maddeden salındı. Galaksiler, toz bulutlarının yerçekimsel çöküşlerini takiben oluştu. Sonunda, gezegenlerle çevrili yıldızlar doğdu.

 ## BILIYOR MUYDUNUZ?

Bu kozmik mikrodalgalar bugün hala arka plan radyasyonu olarak gözlemlenebilmekte ve evrenin başlangıcından bir kalıntı oluşturmaktadır. Amerikalı fizikçiler Robert Wilson (1936-2002) ve Arno Penzias (1933 doğumlu) 1965 yılında bu kozmik mikrodalga arka planını gözlemleyen ilk kişiler oldular. Bu keşif tesadüfi olduğu kadar şanslıydı da: fizikçiler aslında yeni bir tür telefon anteni üzerinde çalışıyorlardı. Bulguları, Büyük Patlama teorisini eleştirenlerin fikirlerini değiştirmelerine ve teoriyi desteklemelerine neden oldu.

Georges Lemaître'den sonra fizikçiler, evreni başlangıcından sadece 10-43 saniye sonra tanımlamalarına izin veren denklemler buldular. Varsayımsal 'sıfır zamanı' ile 10-43 saniye sonrasını ayıran dönem, Max Planck'a (Alman fizikçi, 1858-1947) ithafen Planck dönemi olarak adlandırılır ve uzay ve zaman kavramları henüz tanımlanmadığı için mevcut teorilerle açıklanamaz. O zaman hakkında hiçbir şey bilmiyoruz.

# ETKİ

## BİLİM CAMIASINDA KABUL: SÜREKLİLİK VE ELEŞTİRİ ARASINDA

Büyük Patlama teorisi, bilim camiasında uzayın temsiline ilişkin kozmolojik bir krizin yaşandığı bir dönemde ortaya çıktı. Lemaître'in rölativist bilim insanlarının da yardımıyla elde ettiği bulgular, evreni kavramanın tamamen yeni bir yolunu sunduğu için pratikte bilimsel bir devrime yol açtı – yine de bazı eleştirilere maruz kalacaktı.

Lemaître'in yol gösterici otoriteleri Einstein ve Eddington bile onun genişleme teorisine şüpheyle yaklaşıyordu. Einstein'ın evrimleşen bir evren fikrini kabul etmesi 10 yılını aldı, ancak ilkel atom hipotezini asla kabul etmeyecekti, çünkü ona göre Belçikalı rahip İncil'deki yaratılış hikayesinden esinlenmişti ve bu bilimsel bir teori için kabul edilemezdi. Hatta 1940'larda teori, herhangi bir gözlemle doğrulanmadığı için gözden düşmüştü. Kanıt eksikliği nedeniyle, iki yeni teorinin rekabetini görecekti: Newton kozmolojisinin yeniden canlanması ve kararlı durum teorisi.

Lemaître'in modern kozmolojiye katkılarının bilim camiasının çoğunluğu tarafından kabul edilmesi 30 yıl almıştır. Büyük Patlama teorisinin tanınması özellikle George Gamow (Rus-Amerikalı fizikçi, 1904-1968) sayesinde olmuştur. Üretken bir yazardı ve astronomiyle, özellikle de yıldızların evrimiyle yakından ilgileniyordu. 1948'de yazdığı bir metinde, ısı ve radyasyonun egemen olduğu bir evren modeli geliştirdi. Gamow, Lemaître'in evrenin aşırı yoğun kökenlerine ilişkin iddialarına katılıyor ve o dönemde evrenin aşırı sıcak olduğunu da ekliyordu. Sıcaklık kavramı kozmoloji ile yüksek enerjili parçacık fiziği arasında önemli bir bağlantı kurulmasını sağladı. Evrendeki tüm elementlerin genişlemenin ilk ve çok sıcak aşamalarında üretildiğini belirtti. İş arkadaşlarının yardımıyla Gamow, sıcaklığın soğuduğu daha sonraki bir dönemde evrenin şeffaflaştığını ve bugün hala tespit edilebilen radyasyonun salındığını hesapladı: bu kozmik mikrodalga arka planıdır.

Daha sonra, özellikle astrofizik araçlarının mükemmelleşmesi sayesinde, sonraki kuşak bilim insanları Lemaître ve Friedmann'ın modellerini doğrulayan veriler bulabilmişlerdir. Şubat 2003'ten bu yana Wilkinson Mikrodalga Anizotropi Sondası, evrenin yaşının ve enerji içeriğinin büyük bir hassasiyetle hesaplanmasına olanak sağlamıştır. Dolayısıyla Lemaître'nin modeli, mevcut bilgi çerçevemiz içinde artık sorgulanamaz.

## LEMAÎTRE'İN TEORİLERİNİN DÜNYA ÇAPINDA KABUL GÖRMESİ

1930'lar, Büyük Buhran'ın (1929) ardından Amerikan medyasının kozmolojik keşiflere daha fazla ilgi göstermesine yol açacak çeşitli krizlerin yaşandığı bir dönemdi ve bu keşifler, morali bozulmuş bir kitlenin dikkatini başka yöne çekmenin bir yolu olarak algılanıyordu. Lemaître böylece 1932'de basın tarafından Einstein'ın karşısına çıkarıldığında meşhur oldu. Ancak çok geçmeden halk tarafından unutulacak ve Lemaître'in başarıları yanlışlıkla başka bilim insanlarına mal edilecekti. Ancak o şöhret peşinde değildi ve kamusal alanda alçakgönüllülüğüyle tanınıyordu.

## BÜYÜK PATLAMA TEORİSİNDEN GERİYE NE KALDI?

Lemaître tarafından tasarlandığı şekliyle Büyük Patlama teorisi halen yaygın olarak kabul görmektedir. Modern kozmolojimizin, evreni algılama ve anlama biçimimizin temelini oluşturmaktadır. Onun sayesinde artık bilimsel araştırmaları dini düşünceyle eşleştirmek mümkün. Böylece dünyanın kökenleri herhangi bir dini inançtan bağımsız bilimsel bir teori haline gelmiştir.

Günümüzde teorinin adı mucidinin adının yerini almış olsa da, Lemaître yine de bilim camiasında yaygın olarak bilinmektedir. Bir asteroid (1565) 1948 yılında Belçikalı bir astrofizikçi tarafından keşfedildiğinden beri onun adını taşımaktadır ve Leuven Katolik Üniversitesi bir oditoryumun yanı sıra astronomi ve jeofizik enstitüsüne de onun adını vererek ona saygılarını sunmuştur. Daha yakın bir tarihte Avrupa Uzay Ajansı da 30 Temmuz 2014'te uzaya gönderdiği son Otomatik Transfer Aracı için aynı şeyi yaptı.

2007'de başlayan ünlü bir Amerikan dizisi olan *The Big Bang Theory*, dört araştırmacı fizikçinin hayatlarını anlatıyor. Dizi Amerika Birleşik Devletleri'nde, Lemaître'in Kaliforniya Teknoloji Enstitüsü'nde Einstein ile birkaç kez buluştuğu Pasadena'da geçiyor.

# ÖZET

- Albert Einstein, Alexander Friedmann ve Georges Lemaître, evreni algılamanın yeni bir yolunu oluşturarak gerçek bir bilimsel devrimin arkasındaki isimler oldular.

- Lemaître yeni veya göreceli kozmolojinin üç fikrinden sorumluydu: evrenin bir başlangıcı olduğu, sürekli genişlediği ve kuantum fiziği (sonsuz küçüklük bilimi) ile astronominin (sonsuz büyüklük bilimi) evrenin anlaşılmasında bağlantılı olduğu.

- Evrenin genişlemesi teorisi ve ilkel atom hipotezi günümüzde Büyük Patlama teorisi olarak bilinmektedir.

- Evrenin başlangıcı üç aşamalı olacaktır: hızlı genişlemeyi sağlayan patlayıcı bir kozmik şok, ardından evrenin genişlemeye devam ettiği uzun bir soğuma dönemi ve ardından ikinci bir hızlı genişleme.

- Eleştirilere rağmen, Lemaître'nin fikirleri 1965 yılında Gamow tarafından öngörülmüş olan kozmik mikrodalga arka planının keşfiyle doğrulanmıştır.

# DAHA FAZLA OKUMA

## KAYNAKÇA

Engel, V. (2013) *Le prêtre et le Big Bang*. Paris: JC Lattès.

Lambert, D. (2016) *Evrenin Atomu: Georges Lemaître'in Hayatı ve Çalışmaları*. Krakow: Copernicus Center Press.

Luminet, J.-P. (2004) *L'invention du Big Bang*. Paris: Seuil.

Robredo, J.-F. (2011) *Les metamorphoses du ciel : de Giordano Bruno à l'Abbé Lemaître*.

Université Catholique de Louvain (Tarih yok) *Georges Lemaître*. [Çevrimiçi]. [Erişim tarihi: 3 Mayıs 2015]. Erişim adresi: < https://www.uclouvain.be/316446.html>

## EK KAYNAKLAR

Farrell, J. (2006) *Dünsüz Gün: Lemaître, Einstein ve Modern Kozmolojinin Doğuşu*. New York: Temel Kitaplar.

Trasancos, S. (2016) *İnanç Parçacıkları: Bilimde Yol Almak için Katolik Bir Rehber*. Indiana: Ave Maria Press.

## İKONOGRAFİK KAYNAKLAR

Ressam Justus Sustermans tarafından yapılmış Galileo portresi. Telifsiz reprodüksiyon resim.

Lemaître'in Leuven Katolik Üniversitesi'nde çekilmiş fotoğrafı. Telifsiz çoğaltma resmi.

Albert Einstein'ın 1947 yılındaki portresi. Telifsiz reprodüksiyon resim.

Alexander Friedmann'ın portresi. Telifsiz reprodüksiyon resim.

Max Planck'ın 1933 yılında çekilmiş fotoğrafı. Telifsiz çoğaltma resmi.

Wilkinson Mikrodalga Anizotropi Sondası'nın sanatçı izlenimi. Telifsiz çoğaltma resmi.

*Sizden haber almak istiyoruz!*
*Çevrimiçi kütüphaneniz hakkında yorum bırakın*
*ve favori kitaplarınızı sosyal medyada paylaşın!*

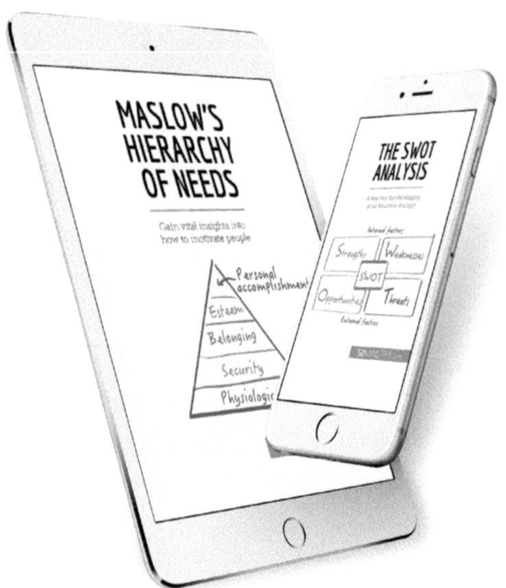


# IMPROVE YOUR GENERAL KNOWLEDGE

IN THE BLINK OF AN EYE!

www.50minutes.com

Yayıncı, yayınlanan bilgilerin güvenilirliğini garanti eder, ancak sorumluluğunu üstlenemez.

Ana ISBN: 9782808600637
Kağıt ISBN: 9782808602082
Yasal depozito: D/2022/12603/209

Dijital tasarım: Primento,
yayıncıların dijital ortağı.